中国航天基金会
CHINA SPACE FOUNDATION　**本项目由中国航天基金会支持**

我们必须征服宇宙

中国航天奠基人 钱学森的人生传奇

第11册　**信报传奇**

钱永刚/主编
顾吉环 邢海鹰/编著
上尚印象/绘

电子工业出版社
Publishing House of Electronics Industry
北京·BEIJING

"你在一个**晴朗**的夏夜，
望着繁密的闪闪**群星**，
有一种可望而不可及的**失望**吧！
我们**真的**如此**可怜吗**？
不，绝不！
我们必须**征服宇宙**！"

1955 年 6 月 13 日深夜，钱学森坐在美国洛杉矶家中的书桌前，他决定写一封求救信，请求祖国营救他们回国。

我们时刻被美国特务监视，得想个办法把信寄回国内！

一定能想到办法的。

是的，直接寄回国肯定不行，可以先寄给我在比利时的妹妹蒋华，再由她转寄回国。

好，你再给小妹写一封信，告诉她我们的实情，信封模仿小孩子的笔迹写。

邮寄当天，钱学森和蒋英驱车来到离他家有一段距离的一个咖啡馆，佯装要进去买咖啡。

你去买吧，我就不进去了。

天天这样跟着我，会不会太辛苦啊？！

没有办法，这是上面的命令啊！

蒋英看见放松警惕的特务在和钱学森聊天，自然轻松地走进咖啡馆。

把信封迅速放进了咖啡馆的邮筒里。

买好了，我们回家吧。

信件寄出后，钱学森和蒋英时刻期待着这封信能够顺利寄回国内，交到中国政府手中。

只要信能离开美国，很快就会寄到国内的，我们耐心等待吧。

我们的信应该寄到国内了吧？

这封信要尽快交到中央领导手里。

没过多久，居住在上海的钱学森父亲就收到了信，他赶紧把信寄给了在北京的陈叔通。

中央领导收到信后，立即做了详细部署。

请外交部尽快把信交给正在举行中美大使级谈判的王炳南同志，要据理力争，争取钱学森先生早日回国。

王炳南收到信件后，认真阅读了信件内容。

中央领导已指示，如美方不承认他们限制我留美人员回国，钱学森这封信就是最好的证据，我们要把握时机，做好谈判工作。

日内瓦中美会谈。

为表示我们的诚意，中国政府已释放了11名被俘美国飞行员，希望美方也能拿出诚意，允许滞留在美的中国留学生早日回国，特别是钱学森。

钱学森，我知道他，他目前在美国生活得很好，他自己表示不愿意回中国……

大使先生，请看，这是钱学森写的信，他急切期待早日回国，但你们竟然软禁了他！

钱学森的这封求救信当场撕碎了美国人的虚伪面孔，钱学森一家终于得以回国。

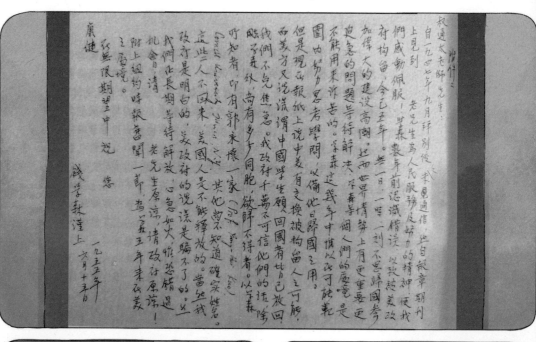

钱学森一生与科学结缘，科学研究是他人生的真实写照。

钱学森的科学人生中，一个鲜明的特点就是书信交流。特别是他在开展学术研究时，和许多人通过书信，平等交流学术思想体会。他写了大量学术交流的信件，堪称书信史上的丰碑。

2007年5月，国防工业出版社出版了《钱学森书信（十卷本）》，收录书信3331封。

2012年1月，国防工业出版社再次出版了《钱学森书信补编（五卷本）》，收录书信1980封。

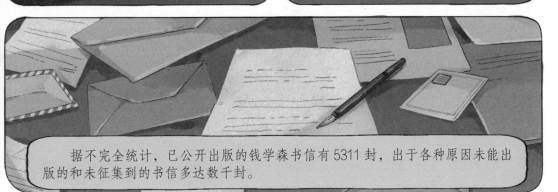

据不完全统计，已公开出版的钱学森书信有5311封，出于各种原因未能出版的和未征集到的书信多达数千封。

钱爷爷一生中写了那么多信呀!

还不止呢,钱爷爷在美国20年的书信还没有统计在内。

钱爷爷在美国的时候写了多少封信呢?

我也不知道,很多原因导致那些信件无法找到。

那真是太可惜了。

钱爷爷回国要研究导弹和卫星，怎么会有时间写那么多信呢？

这 5311 封信中，有 143 封信是回国后的 28 年间写的。

那剩下的那些信呢？

剩下的那些信都是钱爷爷 72 岁到 89 岁之间写的。

晚年的钱爷爷也一直做学问，他也太厉害了吧！

其实，收集到的信件中，还有1000多封没有编入出版物呢！

为什么呢？

从已经出版的信看，全是反映钱爷爷做研究的科学思想和体现他科学精神的内容，其他有关事务性方面或思想性不强的信基本没有出版，听说数量也很大。

另外，由秘书代写的信件也不在出版之列。

原来是这样啊。

还有一些涉及个人隐私和名誉的信也没有出版。

那这样算下来，已经知道的钱爷爷的书信就有6000多封了。

是的，钱爷爷写了这么多信，可能也算是"书信之最"了吧。

太了不起，太难以想象了！哥哥，你写过信吗？

抱歉啊，哥哥也没有写过信。20世纪80年代改革开放后，特别是电话和电子邮件普及了，谁还写信呢。现在有手机了，更没有人写信啦！

钱爷爷却一直沿用写信的方式交流学术问题，他是多么认真细致啊，他的这种精神值得我们好好学习！

哥哥，你说钱爷爷的信里都是科学思想和科学精神，具体都有什么内容呢？

内容可多了，包括自然科学、社会科学、数学科学、军事科学、建筑科学等，很多方面。

那我想听你给我讲讲这些具体内容。

好啊。从以往的情况看，历史上文学家和政治家写信很多，但科学家写这么多信就比较少见了……

没错，钱爷爷不仅在科学上创造了奇迹，书信史上也创造了奇迹！

钱爷爷是位科学家，能写出如此多的信，真是书信史上的一个奇迹。

钱老信上的真知灼见非常具有指导意义。

钱学森的书信都和关心国家建设、军队建设及研究学问有关。

更有许多学者在和钱学森的通信交流中，受益匪浅。

1988年11月21日，钱老给我写来了第一封嘉勉信。

周肇基教授

钱学森长期关注、指导植物学史和农学研究。他经常参观植物研究所。

收发室

周肇基老师，您有一封挂号信，快来取。

周肇基拿到一封大大的挂号信，信封右下角用红字印着——中国人民解放军国防科学技术工业委员会。

周肇基教授 收

中国人民解放军国防科学技术工业委员会

会是谁给我写的信?

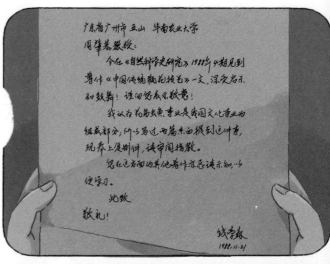

广东省广州市五山 华南农业大学
周肇基教授:
今在《自然科学史研究》1988年4期见到尊作《中国传统瓶花技艺》一文,深受启示和鼓舞!谨向您表示敬意!
我认为插花艺术事业是我国文化事业的组成部分,所以与这两篇东西概到这件事,现奉上复制件,请审阅指教。
您在这方面的其他著作亦恳请示知,以便学习。
　此致
敬礼!
　　　　　　钱学森
　　　　　　1988.11.21

周老师,谁的信啊?看您这么兴奋。

是大科学家钱学森给我写的信!

开心的周肇基举着信迅速跑回宿舍。

尊敬的钱老:惠书敬悉。没有想到拙文引起您的关注,更没有料到您老会在百忙之中,这样快就给我写来了热情洋溢的信……

此后,钱学森和周肇基之间开始了长期的书信往来。

钱老的信大多重在学术交流，涉及面非常广泛。

钱学森写的信是他对国家、民族未来发展、国计民生方面的众多深刻思考，体现了他对国家、人民的热爱，更体现了科学家的社会责任感。

邓小平南方讲话后，钱学森将自己在全国政协会议上的发言稿寄给了周肇基。

中国农业将面临产业化，即农、工、贸一条龙经营的改革。您是研究农史的，这也是农史的大事。我们科技工作者要为此多出谋划策。

钱老，该下班了？

不急，把给华南农大周肇基教授的信写好再走。

尽快把信寄给他，他们华南农大农史室正在编写《中国农业通史》，我写信关心一下。

谢谢！没有问题。

周教授，协会决定让你和梁家勉教授参与《中国植物学史》的编撰工作。

一定会认真完成组织交给的任务。

周教授，又有你的挂号信。

难道又是钱老的来信？

赶紧吃，赶紧吃，然后去取信！

钱老对我真是关心，写信指导我该如何做好编史工作！

您是研究中国古代植物学的，我想一个问题：中国古代植物学与欧洲古代植物学、与现代植物学有无不同之处？如有不同，其得其失又在何处？这样我们不是可以集中、西之长，更有效地推进植物学的研究吗？

发掘中国古代对植物学的研究，当然不是说中国古代植物学就比现代植物学先进，而是要从中国古代在此领域中所用的思维方法中去找出不同于现代科学方法的精华，而这是我们中华民族可以贡献于世界的……

这是钱老对我们编撰工作提出的意见，大家都过来看看。

参与编撰的同事们立马放下手头的工作，围过来认真阅读与领会书信的内容。

我认为钱老的思路对我们撰写好《中国植物学史》很有指导意义。

周教授，我们就按钱老的意见办。另外，钱老这样关心咱们的编撰工作，你看能不能让他为本书题词？

好的，我这就写信询问钱老的意见。

钱老，周教授来信，说植物学会领导希望您给《中国植物学史》题词。

我写封信吧，题词的事就婉拒了。

钱老不图虚名的务实精神让人佩服！

我一共收到钱老亲笔书信98封，杂志报刊等150多篇，这是我一生的宝贵财富。

钱学森通过书信进行学术交流时，不以权威自居，只是把自己思考的成果无偿地贡献并分享给对方。

我发表论文 100 多篇，出版著作十多部，这些和钱老长期的指导帮助是分不开的。

杨春鼎教授

钱学森对数学情有独钟，后来我把他给我写的信交给了中国数学会。

王元院士

我和钱老以信件形式探讨学术技术问题达 30 多次！

阮祥新将军

中央音乐学院·张帆

钱老和我讨论美学、艺术，我深受鼓励和教诲。

在钱学森几十年学术研究过程中，很多学者成为钱学森的学术挚友，从通信数量上就可看出，相互学术交流深入且时间很长。根据出版的书信统计，通信达100封以上的就有数位。

戴汝为，控制论与人工智能专家，中国科学院院士。200封。

于景元，中国航天科技集团公司研究员、博士生导师，曾任中国系统工程学会副理事长。180封。

钱学敏，中国人民大学哲学系教授，著有《钱学森科学思想研究》等书。160封。

陈信，北京航天医学工程研究所原所长、研究员，我国航天医学工程专业创始人之一，1985年获国家科技进步奖一等奖。130封。

王寿云，1965年起任钱学森的秘书17年。1990年7月被授予少将军衔，曾任中国系统工程学会常务理事、副理事长。116封。

朱光亚，中国核科学事业的主要开拓者之一，中国科学院院士、中国工程院院士，中国科学技术协会名誉主席、原主席，中国工程院首任院长。106封。

钱老的信件现在读起来仍是字字珠玑，熠熠生辉，对后学具有重要的指导意义。

宋健

2010年10月，解放军总装备部科学技术委员会、政治部召开钱学森学术思想研讨会。

会议交流论文74篇，编辑出版了《钱学森学术思想研究论文集》，载文57篇，涉及学科领域40多个。

20 世纪 80 年至 90 年代，钱学森多次公开倡导国家智能计算机计划的实施和推进。

人工智能非常重要……

1990 年 11 月 27 日，钱学森给汪成为写了一封信，表示自己将 "Virtual Reality" 一词翻译成 "灵境"。

钱老给我们写信了。

信上说了些什么？

钱老说灵境技术是继计算机技术革命之后的又一项技术革命。它将引发一系列震撼全世界的变革。

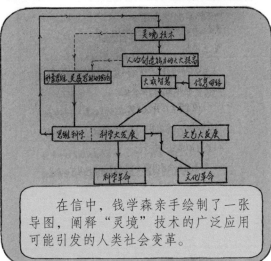

在信中，钱学森亲手绘制了一张导图，阐释 "灵境" 技术的广泛应用可能引发的人类社会变革。

灵境这个名字好浪漫啊!

钱爷爷特别强调翻译这样的名词应该有中国传统味道,所以,他特意取了个中国味很浓的名字——灵境。

我也喜欢这个名字,这个名字让人有很多遐想。

这只是钱爷爷众多贡献的一个小小的闪光点,他一生可是有着科学三大创造高峰呢。

啊!那么多?快说说具体是哪些高峰!

《钱学森科学历程中的三大创造高峰》这本书上写道,钱爷爷的科学历程大体上可分为三个阶段。

第一阶段从 20 世纪 30 年代中期至 50 年代中期，主要从事自然科学技术研究，包括空气动力学、固体力学和火箭、导弹等领域研究。

第二阶段从 20 世纪 50 年代中期至 80 年代初，主要在开创中国火箭、导弹和航天技术方面做了很多工作。

第三阶段从 20 世纪 80 年代至钱学森逝世前，从自然科学转到社会科学，学术研究涉及诸多领域。

钱老，这个关于农业方面的问题我想向您请教一下。

钱学森在第三阶段学术思想非常活跃，涉猎的领域非常广泛。

由于学术领域众多，因此钱学森在这个阶段的书信最多。

《第六次产业革命与农业科学技术》报告

哥哥，这是讲什么的？

这是钱爷爷提出的第六次产业革命理论。

哥哥，我听不懂呢。

我先给你说说这六次产业革命分别是什么吧。

好啊，我真的很喜欢听你讲钱爷爷的事情。

第六次产业革命？听听钱学森是怎样划分产业革命的。

第一次：我认为第一次的产业革命是农业、牧业的出现，在一万年以前的原始社会时期。

第二次：是商品生产的出现。大约在3000年前，也就是中国的奴隶社会，从完全为自给性消费的生产，开始为交换而生产，就是商品生产。

第三次：是大工厂的出现，这是我们经典著作中常说的产业革命，发生在18世纪末的英国。

第四次：19世纪末、20世纪初在西方国家兴起的更大规模的、全国性的以至于跨国的、全世界性的生产体系的建立。

第五次：以信息技术为核心的、新的技术革命所引起的世界范围的生产变革。

钱学森认为第六次产业革命的核心思想是以生物工程和生物技术为特征的知识密集型大农业。

我认为,第六次产业革命包括农产业、林产业、草产业、海产业、沙产业……

农产业是以种植粮食作物和经济作物为基础的农业型知识密集产业,是产值最高的农业型产业。

林产业,这里的林业不光是种树,而是又一类农业型的知识密集产业,包括林木加工和森林枝叶以及果实的利用。

草产业是以草原为基础,利用日光、通过生物创造财富的产业。

海产业是利用海洋滩涂的产业。

沙产业是指在干旱半干旱地区(沙漠戈壁),利用现代科学技术、充足的阳光,开展知识密集型大农业。

沙产业:多采光,少用水,新技术,高效益。

当然，还有以激发人体潜能为特征的第七次产业革命——人体革命。

退休后，钱学森对中国和世界的影响仍在继续。

钱学森从一线领导岗位退下来后，提出并研究第六次产业革命理论。

1984 年，他正式提出"第六次产业革命理论"，并预言这一产业将成为 21 世纪在中国率先出现的产业。

此后的 16 年里，钱学森关于"第六次产业革命"与别人的通信合计 186 封。

1986 年 5 月 31 日，钱学森致信任继周。

我想，在草原上大规模经营的产业才是草业。至于在农田或林地附近、间隙的草地，其经营是农业或林业的一个组成部分，不属草业。草业必须以草为主。

1989 年 10 月 9 日，钱学森致信牛文元。

自然资源的开发利用是社会主义建设中的一个重要问题，而且社会主义与资本主义对此也有一个根本区别，资本主义只顾近利，而社会主义为人民的长远幸福着想，要使资源永续。

1991 年 12 月 21 日，钱学森致信刘恕。

沙产业属第六次产业革命，是 21 世纪中叶才能开花结果的，那时还要用生物技术这一现在刚露头的技术革命。对沙产业我们现在只是做初步探索工作。

1995 年 1 月 6 日，钱学森致信包建中。

什么时候第六次产业革命会来临？目前只有些苗头，如华西村等。我估计第六次产业革命的兴起，将在 21 世纪的社会主义中国，建党 100 周年。

钱老，您获得了何梁何利基金优秀奖，奖金为 100 万港币。

我写一份委托书，把钱直接捐给西部治沙事业。

2008年1月19日，领导看望钱学森。

前不久，我到内蒙古自治区鄂尔多斯市考察，看到那里的沙产业发展得很好，人民生活水平也有了明显提高。

我听说了，那边的沙生植物加工搞起来了，生态正在得到恢复。

钱老，你的设想正在变成现实。

钱学森的第六次产业革命设想为中华民族，也为世界人民带来福祉。

钱学森通信的对象，既有国家领导人，也有普通的基层人士。

1985年5月6日，钱学森给一名16岁的高二学生写信。

钱爷爷给我写信啦！钱爷爷给我写信啦！

让我看看！

（1）对祖国的光辉文化要有理解能力，所以应该能欣赏唐诗、宋词、古散文等。汉字要写得好。
（2）对世界文化中的精华也要能欣赏，如绘画、音乐等。

我一定要好好学习，将来像钱爷爷一样报效祖国。

1982年退出一线工作后，钱学森的研究方向已由自然科学领域逐步转到社会科学领域。

钱老，从一线退下来终于可以轻松了？

我过去在"两弹一星"战线上干了27年，今后大概不会再有27年了。

那您今后准备做什么呢？

我想抓紧余生做一些对国家、对人民有意义的事情，我想多进行一些学术研究。

学术研讨会，钱学森和其他学者围坐在一起，正在讨论问题。

钱老，我非常仰慕您，有几个学术问题想去拜访您时深入讨论。

你好！

不要耽误您的时间，我也年纪大了，很少会客，我们可以用书信交流。

那真是太好了！

这两天关于系统科学和教育问题有一些想法，和他们再交流交流，把这些信给寄出去。

钱学森十分乐意与科技工作者进行学术交流，他通常把自己的想法以书信的方式传递给讨论者。

钱老，又是这么多啊，马上就寄。

钱老，社科院的孙凯飞研究员询问您的身体状况，说想过段时间来拜访您。

告诉他不要过来了，我自己写信给他说。

我身体还可以，只是不出门，不能参加会议，也很少会客。所以如有事要商量，我们还是写信吧，也省得您浪费时间。

近来我需要思考的问题比较多，要静下心来。

我现在年纪大了，只想专心做学术，有几个原则我想强调一下。

好的，钱老，您定了我好答复别人，希望得到您的指教的人很多啊。

钱老您放心，我会给大家解释的，他们都知道您是淡泊名利的人。

还有，非本职工作不去外地出差，更不出国，我很反感借机游山玩水、大吃大喝。

您专心致志做学问的态度值得我们认真学习啊，当下的不正之风是应该整顿一下了。

钱学森一生酷爱读书、看报，并喜欢将感兴趣的文章剪下来留存，做成剪报。

1936年，钱学森到美国加州理工学院航空系学习，师从世界力学权威冯·卡门教授。

无论在授课过程中还是在学术讨论会上，冯·卡门教授经常讲一些非常好的想法。

教授，您把这么好的想法都讲出来，就不怕别人超过您吗？

我不怕，等他赶上来，我又跑到前面去了。

冯·卡门教授的这句话影响了钱学森的一生，科学研究必须创新。

只要有创新，等他赶上来，我又跑到前面去了……

加州理工学院聚集了世界上的拔尖人才，我得和他们竞赛，才能跑到前面。

那个时候的钱学森，为始终走在世界科学技术的前沿，愈加勤奋和努力。

根据资料介绍，钱学森保存的剪报，有629袋，计24500份。

这些剪报按不同内容，装进使用过的旧牛皮纸袋，袋上写明剪报的主题。有的主题剪报很多，他就分成一、二、三等不同的袋子。

剪报的内容极其广泛，剪报成了钱学森的资料库和信息库。

钱学森返回祖国后，无论工作多么繁忙，每天总要抽出时间读书、看报。这个习惯一下就坚持了几十年。

哈哈，无论多大年纪，我们都需要与时俱进啊！

时间在这位严谨的科学家眼中弥足珍贵。

每天早上6点，钱学森准时收听中央人民广播电台的《科学知识》。

下午3点，开始看报，做剪报。

晚上8点，则把时间雷打不动地留给了收音机里的《新闻与报纸摘要》。

年过九旬后，钱学森已经无法亲自完成剪报，身边工作人员时不时给予帮助。

这里贴歪了，日期也不准确。

父亲，让我试试吧。

这样才对嘛。

直到 2009 年 10 月 31 日逝世前两天，钱学森仍然在读书、看报。

钱学森书信是书信史上的一座丰碑，钱学森的剪报同样也是治学史上的丰碑，都堪称传奇！

请看下一册

《《 我们必须征服宇宙
第12册 大成智慧 》》

图书在版编目（CIP）数据

我们必须征服宇宙. 第11册 / 钱永刚主编；顾吉环，邢海鹰编著；上尚印象绘. -- 北京：
电子工业出版社，2023.9
ISBN 978-7-121-45988-7

Ⅰ.①我… Ⅱ.①钱… ②顾… ③邢… ④上… Ⅲ.①航天 – 少儿读物 Ⅳ.①V4-49

中国国家版本馆CIP数据核字（2023）第131795号

责任编辑： 季　萌
印　　刷： 当纳利（广东）印务有限公司
装　　订： 当纳利（广东）印务有限公司
出版发行： 电子工业出版社
　　　　　 北京市海淀区万寿路173信箱 邮编：100036
开　　本： 889×1194　1/16　印张：36　字数：223.2千字
版　　次： 2023年9月第1版
印　　次： 2023年9月第1次印刷
定　　价： 248.00元（全12册）

凡所购买电子工业出版社图书有缺损问题，请向购买书店调换。若书店售缺，请与本社
发行部联系，联系及邮购电话：（010）88254888，88258888。
质量投诉请发邮件至zlts@phei.com.cn，盗版侵权举报请发邮件至dbqq@phei.com.cn。
本书咨询联系方式：（010）88254161转1860，jimeng@phei.com.cn。